SOCIÉTÉS
DE
CHASSEURS
POUR
LA RÉPRESSION DU BRACONNAGE
ET LE REPEUPLEMENT DU GIBIER

Leur but — Leur création — Leur fonctionnement
Leurs ressources — Leurs statuts

PAR
Gaston JACQUINOT
AVOCAT

PARIS

1885

SOCIÉTÉS

DE CHASSEURS

SOCIÉTÉS
DE
CHASSEURS
POUR
LA RÉPRESSION DU BRACONNAGE
ET LE REPEUPLEMENT DU GIBIER

Leur but — Leur création — Leur fonctionnement
Leurs ressources — Leurs statuts

PAR
Gaston JACQUINOT
AVOCAT

PARIS

1885

AVANT-PROPOS

AVANT-PROPOS

On ne discute plus aujourd'hui la nécessité des sociétés de répression de braconnage : l'expérience en est faite, le succès est manifeste. C'est donc une vérité passée à l'état d'axiôme de proclamer que ces sortes d'associations constituent le seul moyen efficace de parvenir à l'exécution de la loi et d'arrêter la diminution du gibier en France.

Puisque ce moyen est infaillible comment se fait-il qu'il ne se répande pas avec plus de rapidité ? Comment expliquer le peu d'engouement manifesté pour une telle institution dans un moment où les sociétés collectives en général et les syndicats en particulier, sont à la mode ?

Parce qu'il manque à ces entreprises la pratique et la persévérance nécessaires pour atteindre le but.

Certes les chasseurs sont tous assez intelligents pour comprendre leurs intérêts et les hommes de bonne volonté ne manquent pas parmi eux pour tenter d'appliquer des mesures utiles. Mais l'expérience et la ténacité indispensables leur font défaut dans leurs tentatives et le fruit d'une généreuse pensée se trouve perdu.

Il ne faut pas se le dissimuler, en ceci comme en toute chose, les débuts sont pénibles. On trouve facilement chez nous les promoteurs d'une bonne idée et des adhérents bienveillants, mais à la première difficulté on se décourage et au premier échec on « *jette le manche après la cognée.* »

Si au contraire on sait d'une façon précise ce que l'on veut et où l'on va, si surtout il se trouve quelqu'un qui résiste aux faiblesses du moment critique, le succès est assuré.

C'est pour remédier à ces défaillances de la première heure que j'ai entrepris cet ouvrage en mettant au service de mes confrères en Saint-Hubert, le peu d'expérience que j'ai pu acquérir dans cette matière.

Depuis longtemps déjà j'avais été sollicité de différents côtés pour faire ce travail.

Souvent j'avais reçu des lettres me demandant des renseignements sur la création et le fonctionnement d'une société de répression du braconnage. Plusieurs fois j'avais vu des exemples de jeunes sociétés sombrant, faute d'une direction tenace. Puisqu'il s'agit de l'avenir de la chasse, je m'exécute enfin. Puisse cet opuscule, malgré son imperfection, réveiller le zèle endormi des chasseurs et servir à mener à bonne fin les essais tentés en vue des intérêts cynégétiques.

C'est à la Société Centrale des chasseurs de Paris, qui a bien voulu encourager mes efforts au-delà de leur mérite, que je dédie cet ouvrage (1). C'est à elle que devait revenir cet hommage, puisqu'elle a donné le premier exemple de l'œuvre que je préconise aujourd'hui.

Langres, le 1er août 1885.

(1) Concours de 1882-1883. — Projet de loi sur la chasse.

CHAPITRE Ier

BUT DES SOCIÉTÉS DE RÉPRESSION

CHAPITRE Ier

BUT DES SOCIÉTÉS DE RÉPRESSION

ETAT DE LA CHASSE EN FRANCE. — La situation qui est faite au chasseur français est véritablement intolérable.

La loi le soumet à une foule de charges et de vexations, et cependant elle ne lui assure nullement la jouissance du plaisir de la chasse.

Ainsi il doit payer fort cher poudre, chiens, port d'armes, etc, — louer ou acheter des chasses à un prix exagéré, — faire garder et repeupler ces chasses à grands frais, — se soumettre aux réglementations diverses qui émaillent notre législation. — Et quand il s'est acquitté du lourd tribut de ces sacrifices de toutes sortes, il n'a même pas la satisfaction de pouvoir s'adonner à sa distraction favorite, faute de gibier. Le bienheureux braconnier que n'arrêtent ni la crainte de la loi, ni le prix du port d'arme ou de la location de chasse, a fourragé tout à son aise, il ne reste rien.

Voilà longtemps que nous en sommes arrivés là et que l'on s'en plaint amèrement.

Causes du mal. — On reconnait à l'envi que notre législation renferme des lacunes et des imperfections, que même avec ces lacunes et ces imperfections elle rendrait de grands services si elle était exécutée strictement, que l'audace du braconnage augmente en raison inverse de la quantité de gibier, que le Trésor public n'a pas lieu de dédaigner les gros revenus provenant de la chasse, etc, etc. Et cependant depuis 1844 on n'a rien fait pour remédier à ce triste état de choses.

Alors qu'arrive-t-il? Un grand nombre de chasseurs se dégoûte d'un délassement qui devient un ennui très onéreux et y renonce; d'autres plus fanatiques vont chasser à l'étranger, où du reste les gourmets s'approvisionnent.

Autant de perdu pour nous et de gagné pour nos voisins.

Il me semble qu'il est inutile de continuer à s'épuiser en ressassant un vieux cliché trop souvent réédité.

Depuis assez longtemps on nous rançonne impitoyablement, sans nous donner aucune compensation. Puisque décidément on ne veut pas nous protéger, eh bien ! défendons-nous nous mêmes.

Plus de vaines paroles, des actes.

D'ailleurs nous pouvons soutenir la lutte avec succès. Il suffit pour cela de faire usage d'une arme que nous avons sous la main et qui s'appelle *Syndicat de chasseurs* ou *Société de répression.*

LE REMÈDE. — Nous prétendons que les *Sociétés dites de répression de braconnage* nombreuses et bien organisées, répondent à chacune des revendications formulées par les chasseurs.

Il est aisé de le démontrer.

Tout le monde est d'accord pour admettre que la ruine de la chasse en France, provient de quatre causes principales.

1° *L'augmentation du prix du gibier qui pousse à sa destruction ;*

2° *Les défauts de la législation qui assurent l'impunité du braconnier ;*

3° *Le manque d'initiative dans une répression énergique, par suite du défaut de renseignements ;*

4° *La difficulté et la cherté du repeuplement du gibier pour combler les vides.*

Or les *Sociétés de répression* ou *syndicats de chasseurs*, remédient à chacune de ces plaies capitales.

I

RÉCOMPENSES AUX AGENTS

En effet, nous nous plaignons tout d'abord *de l'exagération du prix du gibier qui constitue un encouragement à sa destruction.* Avec nos syndicats nous contrebalancerons facilement cet effet désastreux, en excitant aussi le zèle des agents de la loi.

Nous augmenterons le prix des récompenses à donner à ceux qui auront réprimé le braconnage, en ayant soin de toujours proportionner ces récompenses au mérite déployé dans la constatation des délits. Dans ce but, la société informera les intéressés de l'ouverture d'un *concours permanent*, à la suite duquel tous ceux qui auront dressé un procès verbal de chasse *suivi de condamnation*, seront classés et rétribués selon les difficultés qu'ils auront surmontées. Des *primes* en argent plus ou moins considérables, des *médailles* en métal plus ou moins précieux frappées à l'effigie de la Société, des *diplômes* plus ou moins honorifiques selon leurs mentions, enfin des *insertions* rédigées en forme de classifications (1) et publiées dans tous les journaux locaux, seront les prix qui marqueront la gradation du mérite de chaque lauréat.

Pour atteindre dans sa plénitude le résultat désiré, il importe que ces bienfaits s'étendent non pas seulement aux gardes particuliers des sociétaires, aux gardes forestiers qui en dépendent directement, mais encore aux gardes champêtres et aux gendarmes et mêmes aux employés d'octroi ou autres, sans quoi ces distinctions revêtiraient un carac-

(1) Voir à la page 77 un modèle de ce genre de concours.

ière d'étroitesse de vue qui diminuerait singulièrement leur prestige.

Notons toutefois, en ce qui concerne les gendarmes, qu'une circulaire ministérielle du 6 janvier 1869 leur défend de recevoir des primes en argent. Vous les mettrez donc *hors concours* et vous leur réserverez les médailles et les diplômes qui devront leur être remis, non pas directement, mais en passant par la filière de leurs chefs hiérarchiques (1). Au moyens de ces simples encouragements vous trouverez dans ces soldats de la loi, des auxiliaires précieux et ardents.

En outre du concours dont nous venons de parler, n'hésitez pas à promettre à tous les agents, sans distinction, des *secours extraordinaires* au cas où ils viendraient à être blessés en réprimant le braconnage. Ils ne craindront plus alors de s'exposer au danger. (Art. 2, § 3 des statuts. Voir page 36.)

Prenez aussi l'engagement de servir des *pensions* aux veuves ou aux orphelins de ceux qui périraient en faisant héroïquement

(1) Des explications supplémentaires seront fournies à ce sujet au chapitre III, page 49.

leur devoir jusqu'au bout : ils ne seront plus arrêtés désormais dans leur mission périlleuse, par la pensée de ceux qui viendraient à leur survivre. (Art. 2, § 4 des statuts.)

Le résultat ne se fera pas attendre : peu de temps après que vous aurez porté à la connaissance du personnel de répression la création d'une société et les dispositions prises à leur égard, vous verrez une transformation complète se produire dans son activité. Gendarmes, gardes particuliers, ou autres, tous se piqueront d'amour propre et rivaliseront de zèle, parce qu'ils se sentiront surveillés et appuyés. Si je pouvais vous mettre sous les yeux les lettres que j'ai reçues et que je reçois presque journellement, vous seriez frappés de l'émulation qui existe dans un arrondissement où fonctionne une société.

Chose particulièrement remarquable : ceux qui ont été l'objet d'une distinction dans le *concours*, quelque minime qu'elle ait été, se représentent toujours aux distributions suivantes avec des états de service plus méritoires. Ainsi on peut être assuré qu'un garde qui a obtenu une simple mention honorable à titre d'encouragement, apportera au prochain concours un procès-verbal dressé contre un délinquant dangereux.

Réprimer le braconnage en récompensant les agents les plus dignes, constitue donc déjà un beau champ d'expérience qui suffirait au besoin à faire comprendre la nécessité de la fondation des sociétés de répression.

Mais ce n'est là qu'une partie de la tâche à accomplir.

II

PERFECTIONNEMENT DE LA LÉGISLATION

N'avons-nous pas dit, en effet, que bien *des imperfections de législation assurent l'impunité du braconnage?*

Or à quoi servirait-il d'encourager la répression proprement dite, si des dispositions déplorables ayant force de loi, permettaient de gaspiller à plaisir les richesses cynégétiques qu'on est parvenu à grand peine à faire épargner? Ce serait s'imposer bénévolement un sacrifice inutile.

C'est sur ce point-ci surtout que nous allons voir apparaître la supériorité de nos *syndicats de chasseurs*, qui par leur collectivité possèdent une force d'impulsion et de résistance qui échappe à l'individu isolé quelque considérable que soit son influence.

Je m'explique.

En matière de chasse, chacun est obligé de s'incliner devant la loi de 1844, qui trace les grandes lignes législatives communes à toute la France et devant les arrêtés préfectoraux spéciaux à chaque département.

Cette loi de 1844, déjà très défectueuse, est donc interprétée et appliquée diversement par les préfets qui possèdent un pouvoir réglementaire, presque absolu à ce sujet. Lorsque les préfets changent, les arrêtés suivent leur sort. Il en résulte presque toujours que les bonnes dispositions sont rapportées et remplacées par d'autres qui ne les valent pas. Le bien produit par l'un est annihilé par le mal de l'autre : c'est une fluctuation incessante, un chassé-croisé d'ordres et de contre-ordres tel, qu'un chasseur est obligé tous les ans, d'étudier sérieusement les modifications nouvelles qui vont le régir : il s'aperçoit souvent qu'il devra désormais « brûler ce qu'il avait honoré » ou réciproquement.

Aussi quel gâchis ! grand Dieu ! On se

croirait encore en plein Moyen-âge, lorsque les coutumes légales changeaient avec le bon plaisir du seigneur de chaque pays.

Pour nous, au point de vue de la chasse, comme en toute autre matière, une mesure qui est bonne ou mauvaise, l'est également ici et ailleurs ; de même que celle qui était bonne hier, ne peut devenir subitement pernicieuse le lendemain : les intérêts de la chasse étant partout et toujours les mêmes. J'en conclus que cette divergence de réglementation constitue dans notre législation une anomalie inexplicable, dont le gibier devient fatalement la victime. Pourquoi par exemple permettre la chasse à l'aide de filets dans certains départements et l'interdire formellement dans d'autres ? Pourquoi protéger ici certaines espèces et là les détruire impitoyablement, comme animaux nuisibles ? (1)

Avec les sociétés que je préconise, ces anomalies disparaissent de la manière suivante : Sur l'initiative de la Commission de la So-

(1) Les lapins sont considérés comme essentiellement nuisibles, et cependant il y a des départements qui font exception à cette règle, entre autres la Haute-Saône.

ciété, après mûr examen des avantages et des inconvénients de telle ou telle mesure cynégétique, les assemblées générales émettent sous formes de *vœux*, des pétitions tendant à l'abolition ou au rétablissement de ce qui peut être nuisible ou utile à la chasse. Ces demandes sont ensuite revêtues des signatures de la majorité des sociétaires (qui sont autant d'électeurs), et adressées aux représentants du pays, sénateurs, députés, ou conseillers généraux. Ceux-ci se trouvant en présence de desiderata fort justifiés de leurs mandants, n'hésitent pas à les appuyer de leur pouvoir et finissent par les faire triompher.

S'il s'agit de simples modifications à introduire dans les arrêtés préfectoraux, ces vœux sont remis au Conseil général, qui est chargé par la loi de donner son avis au Préfet (1).

C'est ainsi que nous sommes arrivés à une métamorphose aussi absolue qu'excellente de la réglementation de la chasse dans notre dé-

(1) Voir plus loin au Chapitre III, *fonctionnement des Sociétés*, de plus amples renseignements sur la forme à donner et le mode de procéder dans la présentation de ces sortes de demandes. (Page 81.)

partement; touchant notamment : la classification des animaux nuisibles, la chasse en temps de neige, l'interdiction du vagabondage des chiens, etc., etc.

Si, au contraire, il s'agit de remaniements à introduire dans la législation, ces pétitions sont envoyées directement aux Chambres. Lorsque toutes les sociétés de France se seront réunies pour élaborer et rédiger un projet de loi sur la chasse convenable à tous égards, croyez-vous qu'il sera possible à nos législateurs de résister plus longtemps à cette pression? Voyez-vous de quelle puissance de levier disposeront les vrais chasseurs pour obtenir pleine et entière satisfaction?

Mais là ne s'arrêtent pas les bienfaits d'une société : celle qui se contenterait de ces deux immenses avantages, *stimuler le zèle des agents* et *perfectionner la législation* manquerait encore à sa mission.

III

CENTRALISATION DES RENSEIGNEMENTS

Il faut de plus *parvenir à une sanction énergique de la loi, par la centralisation de renseignements indispensables aux autorités compétentes.*

Une loi sage et prévoyante appuyée par des agents de répression actifs et dévoués serait inefficace, si son exécution n'était pas poursuivie énergiquement. C'est donc une vigilance continuelle qu'il est nécessaire de déployer, pour diriger les investigations de la justice.

Au premier abord, il semble bien difficile d'exiger d'une Société qui n'a pas d'agents salariés, officiels ou occultes, une sollicitude quasi policière. Rien n'est aussi facile cependant. L'intérêt commun qui unit tous les chasseurs fera seule ce miracle : la Société n'aura qu'à jouer le rôle d'intermédiaire, soit en centralisant les renseignements qui lui seront fournis, soit en poursuivant pour son compte certains délits.

En premier lieu, occupons-nous de ce que

j'appelle la *centralisation des renseignements*. Nous supposons, bien entendu, que toute Société est établie dans des conditions de propagation, qui ne laissent rien à désirer ; c'est-à-dire qu'elle est au moins représentée par un sociétaire dans chaque commune de l'arrondissement où elle étend son action. Conformément à un certain article 15 des statuts (voir le modèle), chaque sociétaire se trouve engagé à signaler à la Commission tous les délits et toutes les fraudes de chasse portés à sa connaissance. Il en résulte que le secrétaire de la Société est très exactement renseigné sur toutes les irrégularités qui se produisent; car bien des personnes qui ne voudraient pas dénoncer un fait délictueux au Parquet ou à la gendarmerie, ne se font pas scrupule d'écrire au secrétaire, pour l'instruire de ce qui se passe.

Celui-ci tirera de cette centralisation de renseignements tout le parti désirable : tantôt au nom de la Société, il les communiquera au Procureur de la République, qui jugera s'il y a lieu d'ordonner une enquête ou d'exercer des poursuites ; tantôt il informera directement le garde ou la gendarmerie, qui mis ainsi sur la bonne voie, ne tardera pas à surprendre le coupable. Que d'exemples ne pourrions-nous pas citer pour prouver l'utilité de ce moyen !

Quant aux *poursuites* que la Société doit exercer pour son propre compte, voici à quelle occasion elle se produisent.

Le paragraphe 3 de cet article 15, déjà cité, porte : « Chaque sociétaire subroge la « Société en tous ses droits contre les dé« linquants, lorsqu'il ne voudra pas les « exercer lui-même. »

Pour bien saisir toute l'importance de cette disposition, il est bon de savoir qu'habituellement le Parquet ne poursuit *d'office* que les délits de chasse excessivement graves (temps prohibé, engins prohibés, etc.). Encore faut-il que ces délits tombent manifestement sous le coup de la loi (certitude de condamnation résultant des procès verbaux) et qu'enfin ces délits aient été portés à la connaissance du Procureur par les intéressés (particuliers, administration forestière, etc.) Toutes ces conditions requises rendent très rares les poursuites *d'office :* il s'ensuit que bien des faits répréhensibles restent impunis.

Il est vrai que le défaut de l'action publique, n'enlève rien aux droits que la *partie civile* peut faire valoir en justice. Mais dans ce cas, cette *partie civile* (propriétaire ou locataire de chasse), abandonnée à elle-même, reculera devant les conséquences d'un procès correctionnel. Et ce, soit parce qu'elle redoutera la vengeance du braconnier contre lequel son garde a verbalisé, soit parce que sachant ce braconnier notoirement insolvable, elle craindra de ne pas rentrer dans les frais dont elle est obligée de faire les avances, même après avoir obtenu gain de cause devant le tribunal correctionnel.

Aussi le plus souvent la loi, bien qu'outrageusement violée, reste-t-elle à l'état de lettre morte.

C'est alors qu'intervient utilement la *Société de répression*. Dans l'intérêt général et pour remédier à l'impunité éventuelle des coupables, elle met en jeu les pouvoirs qui lui sont conférés par les articles 15, § 2, et 22, § 5 des statuts. On procède de la manière suivante : en vertu de l'article 15 § 2, le secrétaire, informé par le sociétaire intéressé, réunit la Commission qui décide s'il y a lieu de poursuivre la répression du délit. Si oui, alors la Société se porte partie civile au *nom* du sociétaire lésé (1) et intente le procès aux frais du budget commun, à ses risques et périls, profits ou pertes.

Voulez-vous une preuve de l'efficacité de cette mesure par un exemple dont je certifie l'exactitude? Un des membres de notre Société adressa au parquet un procès fait à un colleteur dangereux. Le Procureur refusa de poursuivre d'office, par cette raison que la rédaction ambigue du procès-verbal laissait quelque doute sur l'issue probable de l'affaire. De son côté, notre intéressé ne voulait pas se porter partie civile, parce que le délinquant était insolvable. Alors notre Société se mit à son lieu et place, et fit infliger par le tribunal à ce colleteur émérite une condamnation à un mois de prison, 100 francs d'amende et 50 francs de dommages-intérêts. à la suite de laquelle il quitta le pays.

Une autre fois l'Administration forestière se préparait à transiger à l'amiable avec un

(1) Cette action ne peut être introduite autrement, car en droit une société qui n'est pas reconnue par un décret spécial, n'existe pas comme personne morale et ne peut ester en justice. Cependant d'après la nouvelle loi, les syndicats ont aujourd'hui cette faculté.

délinquant de la pire espèce, sous prétexte que celui-ci étant failli, ni l'Etat, ni le locataire du bois ne rentreraient dans les frais et amendes du procès. La Société se substitua au locataire, arrêta la transaction, poursuivit l'affaire, et obtint des juges une solution pénale très sévère.

Il est évident que dans ces deux cas et dans beaucoup d'autres, les rigueurs de la loi seraient restées vaines sans l'intervention de la Société, les gardes se seraient découragés de voir leurs peines devenir inutiles et les braconniers certains de l'impunité, auraient redoublé leurs méfaits.

Certes, voilà déjà des avantages immenses rendus à la chasse, et cependant ce n'est pas tout ce que peut produire notre institution.

IV

REPEUPLEMENT DU GIBIER

Le but proposé n'est atteint dans sa plénitude, qu'autant qu'après avoir fait table rase du braconnage, *on repeuple de gibier les contrées dévastées.*

Il semble que pour mener à bien ce quatrième objectif de toute *Société de répression*, il sera nécessaire de lui annexer un établissement d'élevage et de vente de gibier reproducteur; mais ce serait un projet d'une réalisation trop onéreuse et surtout trop compliquée (1). « Qui trop embrasse, mal étreint » dit le proverbe. Laissons donc les bénéfices très problématiques de ces sortes d'entreprises à des industriels spéciaux, qui en tireront meilleur parti que nous et simplifions autant que possible la tâche que nous nous imposons.

Les particuliers qui se proposent de repeupler de gibier leurs terres, se heurtent généralement à deux difficultés devant lesquelles les plus entreprenants reculent. Ce sont : *les formalités d'obtention des autorisations administratives*, et *l'exagération du prix d'achat des animaux reproducteurs*.

(1) Cependant certains esprits plus ardents que pratiques, ne s'arrêtent pas dans cette voie novatrice et vont jusqu'à prétendre qu'en outre de cet établissement d'élevage de gibier, une Société bien organisée devrait posséder encore un établissement d'élevage de chiens de chasse, destiné à arrêter l'abâtardissement de la race. Ce qui serait une nouvelle source de revenus pour cette Société.

En temps prohibé, la loi de 1844, art. 4, ne permet pas de colporter le gibier et comme elle ne fait pas d'exception en faveur du colportage du gibier *vivant* pour repeuplement, il s'ensuit juridiquement qu'on ne peut transporter d'un endroit à un autre aucun gibier quand la chasse est fermée ; c'est-à-dire au moment le plus propice pour combler les vides produits par la destruction. Afin de parer à cette lacune regrettable, il s'est introduit un usage sur lequel on ferme volontiers les yeux, bien qu'il soit illégal : sur certificat du maire, visé par le Préfet, le Ministre accorde des permis de circulation au gibier vivant destiné à la reproduction. L'obtention de ces autorisations administratives est aussi longue qu'arbitraire pour chaque particulier pris isolément.

Notre association fait tomber cet obstacle.

Grâce à son intermédiaire qui offre à l'administration toute garantie contre les fraudes, les formalités sont singulièrement simplifiées. Elle obtient aisément des autorisations permanentes, fait acheter et transporter en bloc de grandes quantités de reproducteurs, qui sont mis à la disposition des sociétaires par la *vente aux enchères*. Il ressort de cette opération une réduction considérable sur le prix d'achat, parce qu'il a été fait par quantités importantes : de même pour le prix du transport qui a été effectué en gros. Chacun y trouve son avantage : le sociétaire n'a pas l'ennui des permissions à demander, des acquisitions à faire et cependant il réalise une économie notable sur le prix de revient. De son côté, la Société par la vente aux enchères, assure le repeuplement du pays et souvent réalise un bénéfice pécuniaire provenant de la différence entre le prix du gros et celui du détail.

Le corollaire évident d'un repeuplement intelligent, c'est la destruction des animaux nuisibles. Sous ce rapport il sera facile à la même société, à l'instar de l'Etat ou du Département, d'affecter une prime à la destruction des animaux particulièrement nuisibles à la chasse, comme le renard et le chat sauvage.

La nomination d'un *garde général mobile* commissionné pour la garde des chasses de tous les sociétaires, serait encore une innovation qui produirait des résultats excellents. Car ce garde, qui n'aurait d'attache nulle part, se déplacerait sur la demande de chacun des membres, pour venir surveiller suivant le besoin tel ou tel endroit signalé.

La question de dépense serait le seul obstacle à l'application de cette mesure.

J'espère être parvenu à démontrer, par cette énumération un peu longue, quels immenses avantages procure la création des *Sociétés de répression du braconnage* : je peux donc en conclure que leur fondation s'impose.

CHAPITRE II

CRÉATION D'UNE SOCIÉTÉ.

MOYENS D'Y PARVENIR

CHAPITRE II

CRÉATION D'UNE SOCIÉTÉ

MOYENS D'Y PARVENIR

Examinons maintenant comment il faut s'y prendre pour réussir dans la création d'une société, du genre de celles dont nous nous occupons.

ZONE D'ACTION. — Selon nous, l'action normale d'une Société doit s'étendre à *un arrondissement* tout entier. La détermination de cette zône d'action n'est pas arbitraire : elle est indiquée par la compétence du tribunal correctionnel, autour duquel gravitent tous les détails d'application de notre système (1). Exercer l'influence bienfaisante d'une société sur une fraction de territoire

(1) Notamment les extraits du greffe dont il sera parlé au chapitre suivant.

plus petite que l'arrondissement, ce serait produire un effet insuffisant et hors de proportion avec les sacrifices imposés ; sans compter que, dans ce cas, il y aurait fort à craindre de ne pas trouver le recrutement des adhésions nécessaires à une organisation féconde.

Réciproquement, faire rayonner cette action sur une zône beaucoup plus considérable, ce serait courir le risque d'entraver la marche de l'œuvre en compliquant outre mesure les rouages qui la constituent (1). De nombreuses tentatives de formation ont échoué misérablement pour avoir voulu embrasser la totalité d'un département : le manque de cohésion a causé ces effondrements.

Nous supposerons donc que les fondateurs de la Société que nous allons proposer pour modèle ont pris leur arrondissement comme point de départ de l'organisation.

PROPAGANDE. — Qu'on ne l'oublie pas, afin d'être durable et efficace, cette association

(1) L'art. 3 § 3 de notre modèle de statuts, page 67, trace une juste limite de l'extension de cette zône d'action d'une Société.

doit être répandue sur toute la surface de l'arrondissement qu'il s'agit de protéger. Ici plus qu'ailleurs, l'union fera la force. Rien ne sera donc négligé dès le début, pour porter l'œuvre à la connaissance de tous les chasseurs et les convier à y coopérer. Battez le rappel général par la voie de la presse locale. Lancez des convocations individuelles (1). Invitez tous les intéressés à des conférences publiques.

Dans ces réunions, vous exposerez brièvement l'utilité et le but de la société à créer, vous insisterez sur son caractère absolument étranger à la politique et à la religion. Puis vous soumettrez aux assistants l'adoption de l'ensemble des statuts, que vous aurez élaborés à l'avance, et vous les présenterez immédiatement à la signature des adhérents (2). Enfin, vous recommanderez à tous une propagande active et vous ne vous séparerez pas avant d'avoir fixé la date d'une réunion ultérieure pour l'élection de la Commission.

(1) Les bureaux de la préfecture ou de la sous-préfecture vous fourniront les adresses de tous les porteurs de permis de chasse de l'arrondissement.

(2) Voir le modèle de ces statuts, page 65.

Cette seconde assemblée sera un prétexte à nouvelle réclame, en faveur des principes que vous voulezrépandre.

Ceux qui n'auraient pu assister aux conférences recevront alors par vos soins un exemplaire imprimé des statuts, accompagné d'un bulletin d'adhésion (1), qu'ils devront vous retourner, après l'avoir signé.

Une telle propagande aura le double avantage de vous attirer le nombre de sociétaires indispensable au fonctionnement de la société (2), et d'informer les agents de l'autorité de l'existence d'une association qui les intéresse au premier chef.

Avant d'aborder le fonctionnement de cette société j'insisterai sur quelques points principaux, qui seront peut-être controversés dans les réunions publiques dont je viens de parler.

Durée. — La durée primitive à assigner à votre association devra être de trois ans (art. 8). Cette période n'est ni trop courte, ni

(1) Voir le modèle annexé, page 75.

(2) Voir la fixation de ce nombre minimum au chapitre des ressources, page 56.

trop longue pour faire un essai qui n'effraiera pas les futurs sociétaires, par l'étendue de l'engagement qu'ils prendront. A l'expiration de ce délai, si votre œuvre a réussi, vous pourrez proroger l'existence sociale pour une nouvelle période de six ou neuf années (article 11 à 14); car à ce moment chacun saura à quoi s'en tenir sur la valeur et la solidité de votre œuvre.

COTISATION. — Quant à la cotisation, le taux de dix francs par an et par membre nous paraît très convenable. (Art. 10.) Certaines Sociétés, entre autres la *Centrale de Paris,* ont abaissé ce chiffre à cinq francs, mais elles ont pris le nombre de gardes déclarés par chaque sociétaire comme base du nombre de cotisations à payer. Au premier abord, cette appréciation semble assez logique, cependant la vérité de cette déclaration ne pouvant être controlée, il en résulte des fraudes fréquentes au détriment de la Société : elles sont évitées par notre tarif uniforme de dix francs par sociétaire. Une cotisation plus élevée empêcherait la diffusion de votre association. D'ailleurs cette somme de dix francs est suffisante pour équilibrer un budget (1).

Récompenses a la gendarmerie. — Nous avons déjà fait allusion (2) à la défense édictée par la circulaire du 6 janvier 1869, de donner des récompenses pécuniaires aux gendarmes. Cette interdiction s'explique parfaitement à l'égard des particuliers, mais nous pensons que les sociétés de répression, qui ont pour mission de corroborer la loi, pourraient obtenir facilement du gouvernement une autorisation spéciale pour y déroger. Il paraît que c'est une erreur monstrueuse; car une demande que nous avons formulée dans ce sens, il y a trois ans, nous attira une verte semonce de M. le ministre de l'Intérieur et de son collègue de la Guerre, qui persistèrent à ne permettre d'accorder aux gendarmes que des médailles frappées à l'effigie de notre société. Que notre exemple serve de leçon à ceux qui voudraient nous imiter. Du reste, l'article 2 § 2 des statuts indique le moyen d'éviter cet écueil.

(1) Voir au chapitre des *ressources* page 56.
(2) Page 11.

Dons. — Il est bon également d'attirer votre attention sur l'acceptation des dons faits à la Société. (Art. 22, § 10.) qui semble contenir une restriction étrange. Une société simplement autorisée ne peut recevoir que des *dons manuels*, parce que aux yeux de la loi elle n'existe pas comme personne morale, dans l'acception juridique de ce mot. Pour pouvoir recevoir des *legs* ou des *donations* régulièrement, il est nécessaire qu'elle ait été reconnue d'utilité publique par un décret spécial. Toutefois, depuis la récente loi sur les *syndicats*, ceux-ci ont la capacité complète de recevoir.

Il est inutile de revenir sur ce que nous avons déjà exposé dans le chapitre 1er, relativement aux engagements respectifs de la société vis-à-vis de ses membres ou réciproquement. (Art. 15 des statuts.)

Les pouvoirs généraux conférés au *président* et au *vice-président* par nos statuts, ne nous arrêteront pas davantage; car ils ne contiennent aucune dérogation aux traditions sur ce point.

ATTRIBUTIONS DU SECRÉTAIRE-TRÉSORIER. —Mais il importe d'insister particulièrement sur les attributions du *secrétaire-trésorier*, qui est la cheville ouvrière de notre édifice. Ses fonctions sont tellement nombreuses et complexes, que les énumérer, c'est parler du fonctionnement de l'œuvre. Aussi pour ne pas empiéter, je me bornerai à énoncer simplement ces devoirs multiples, qui formeront la division de nos prochains paragraphes.

1° Demander l'approbation préfectorale.

2° Envoyer des circulaires à tous les agents de répression.

3° Procéder au recouvrement des cotisations.

4° Obtenir du greffe la délivrance des extraits de condamnations pour délits de chasse.

5° Exiger des auteurs de procès-verbaux, copie de ces pièces.

6° Prendre des renseignements sur le mérite personnel des candidats.

7° Réunir la Commission.

8° Faire insérer dans les journaux la liste des récompenses décernées.

9° Commander les médailles et diplômes.

10° Adresser leurs prix aux lauréats.

11° Convoquer l'Assemblée générale.

12° Faire un rapport sur le budget et l'état des opérations accomplies.

13° Rédiger les procès-verbaux des séances.

14° Acheter et vendre le gibier de repeuplement.

15° Tenir la correspondance à jour.

Comme on le voit, la tâche du secrétaire-trésorier est lourde et nécessite son concours continuel et dévoué. On pourra l'alléger singulièrement en la scindant : la trésorerie sera sans inconvénient séparée du secrétariat, si le titulaire le désire.

CHAPITRE III

FONCTIONNEMENT

CHAPITRE III

FONCTIONNEMENT

Jusqu'ici nous avons étudié isolément les différents rouages de notre organisation.

Supposons maintenant que les préliminaires indispensables à toute formation sont terminés, c'est-à-dire que vos statuts sont signés par un nombre imposant d'adhérents et que votre Commission est nommée; voyons comment ce mécanisme va être mis en mouvement.

1° DEMANDE D'AUTORISATION A LA PRÉFECTURE. — Le premier devoir du secrétaire-trésorier consistera à solliciter l'approbation préfectorale. L'article 291 du Code pénal nous apprend en effet que : « nulle association de de plus 20 personnes, dont le but sera de se réunir certains jours pour s'occuper d'objets politiques, religieux, littéraires *ou autres*, ne pourra se former qu'avec l'agrément du gouvernement et sous les conditions qu'il plaira à l'autorité publique d'imposer à la société. » Notons en passant que cette prescription d'ordre public est commune aux sociétés aussi bien qu'aux syndicats.

Cette demande au Préfet sera accompagnée d'un double exemplaire des *statuts*, ainsi que d'une double liste des *noms des sociétaires*, avec leurs adresses respectives. Chacunes de ces pièces devra être signée par le président, le vice président et le secrétaire trésorier. Le tout sera déposé aux bureaux de la préfecture ou de la sous préfecture de l'arrondissement.

Certainement ces statuts recevront l'autorisation, s'ils sont conformes au modèle cidessous, qui d'ailleurs a été ratifié par l'expérience.

2° Envoi de circulaires aux agents de répression. — C'est à ce moment que viendra se placer fort à propos l'envoi d'une circulaire à tous les gendarmes, gardes forestiers, gardes champêtres, gardes particuliers des sociétaires, employés d'octroi, etc., pour porter à leur connaissance la formation de la société et les avantages qui en découlent pour eux, de manière à mettre immédiatement leur zèle en éveil.

3° Recouvrement des cotisations. — Il faudra ensuite procéder à la perception des cotisations. A cet effet le secrétaire-trésorier fera présenter les reçus (1), par la poste pour les uns (2), par un homme de confiance pour les autres habitant la même localité que lui. Autrement les rentrées ne s'effectueraient pas, soit que les sociétaires oublient de payer, soit qu'ils ne veuillent pas se déranger pour apporter leur argent au siége social. — Ce mode de recouvrement est aussi simple que rapide.

4° Délivrance des extraits de condamnations par le greffe. — La Commission se réunit *une* ou *deux* fois par an suivant les fonds dont on dispose et le nombre d'agents à récompenser. Avant chacune

(1) Les reçus seront détachés d'un registre à souche qui permettra le contrôle instantané du Président.

(2) Sous forme de « valeurs à recouvrer. »

de ces réunions, le secrétaire-trésorier devra s'astreindre au travail préparatoire suivant : se faire délivrer par le greffe du tribunal des *extraits de condamnations*, exiger les *copies des procès-verbaux* qui ont entraîné ces condamnations, prendre des *renseignements* sur les auteurs de ces procès-verbaux, de façon à ce que les commissaires puissent se prononcer en connaissance de cause sur le mérite des candidats.

Occupons-nous en premier lieu des *extraits du greffe*. La loi ne permet pas à toute personne de se faire délivrer des extraits de jugements correctionnels. Pour se les procurer, le secrétaire-trésorier s'adressera au Procureur de la république qui lui donnera la permission écrite, lorsqu'il connaîtra l'usage qui doit en être fait. Ajoutons que cette autorisation ne sera accordée qu'avec certaines restrictions suivant le tableau que nous donnons page 76, mais qu'une fois accordée elle servira pour toute la durée de la Société.

Nanti de cet extrait, le secrétaire-trésorier connait toutes les condamnations qui ont été prononcées dans son arrondissement pour délit de chasse : aucune ne lui échappe.

5° Copie des procès verbaux. — Il lui est facile dans ces conditions de demander à chaque agent rédacteur la *copie du procès-verbal* qui a entraîné la condamnation. Ici je ferai remarquer que la Société ne doit récompenser que les procès verbaux suivis de condamnation, car ce sont ceux-là seulement qui sont vraiment utiles à la Répression. Ceux qui ont abouti à une transaction amiable ou a un renvoi du tribunal, ne méritent généralement pas une distinction honorifique ou pécuniaire.

6° Renseignements personnels aux candidats. — Avec les extraits du greffe et la copie des procès verbaux, la Commission pourrait déjà déterminer son jugement. Mais afin d'éclairer sa religion d'une façon encore plus sûre, il sera souvent précieux de lui procurer un autre élément d'appréciation : les *renseignements particuliers* à chaque candidat. L'administration forestière, les maires, les propriétaires ou locataires des chasses, s'empresseront toujours de déférer à la demande du secrétaire-trésorier à ce sujet.

7° Réunion de la commission. — Tous les documents nécessaires à l'instruction des candidatures étant prêts, il ne reste plus qu'à réunir la Commission. A cet effet les convocations seront envoyées aux commissaires. Durant cette séance, la liste des lauréats du concours sera arrêtée. Mais ce concours entre les divers agents ne fera pas seul l'objet de la réunion de la Commission. L'article 22 des statuts nous indique les questions dont elle devra s'occuper : notamment touchant le repeuplement du gibier, les poursuites à exercer, les vœux à émettre, etc. A la suite de cette séance le secrétaire-trésorier rédigera le procès-verbal de toutes les décisions prises sur un registre spécial, qu'on aura le plus grand intérêt à consulter de temps en temps.

8° Insertions dans la presse locale. — Rien ne flatte plus les lauréats récompensés par la Commission que la vue de leurs noms imprimés dans les journaux de la localité. Une simple mention honorable excite leur émulation. Nous ne saurions trop recommander au secrétaire-trésorier d'apporter tout le soin désirable à la rédaction de cette liste du concours et à sa communication à la presse locale. On trouvera plus loin un tableau modèle, qui fera saisir l'importance de certains détails. (Voir page 77).

9° COMMANDE DE MÉDAILLES ET DIPLOMES. — Les médailles et diplômes jouent un grand rôle dans les sociétés. Ces distinctions honorifiques portent peut-être plus de fruit que les primes en argent, bien qu'elles soient moins onéreuses pour le budget social, parce que les titulaires les gardent précieusement, les mettent en évidence chez eux et leur vue quotidienne, ranime leur zèle; tandisque l'argent reçu est bientôt dépensé, et ne laisse pas de souvenir.

La commande de ces médailles et diplômes réclame donc toute la sollicitude du secrétaire-trésorier. En ce qui concerne spécialement les médailles, nous ajouterons que quelque soit le métal décerné, il est indispensable qu'il porte gravé en toutes lettres le millésime et le nom du lauréat. Cela rend tout trafic impossible.

10° ENVOI DES PRIX. — Cet envoi sera fait dans le plus bref délai. Ce ne ce sera pas peine perdue de faire accompagner les prix d'une lettre conçue en termes flatteurs pour l'agent récompensé.

Quant aux médailles et diplômes mérités par la gendarmerie, rappelons-nous qu'ils doivent passer par la filière hiérarchique, c'est-à-dire être adressés au chef de la Légion. Pour éviter des allées et venues en pure perte, voici comment nous agissons : nous écrivons au colonel qui commande la Légion (il y en a une par corps d'armée) que la Société a récompensé tel et tel gendarme, et qu'en conséquence, nous le prions de nous autoriser à remettre les prix entre les mains du capitaine de notre arrondissement; ce qui ne nous a jamais été refusé.

11° — Convocation de l'assemblée générale. — A la fin de l'année, les sociétaires sont réunis en assemblée générale pour adopter des vœux, s'il y a lieu, nommer une nouvelle Commission, entendre le rapport sur la situation financière, approuver l'état des opérations accomplies pendant l'exercice écoulé, enfin procéder à la vente aux enchères du gibier de repeuplement.

Il est bien évident que la préparation de

ces différents travaux incombe encore au secrétaire-trésorier. Qu'il ne les néglige pas, car de la réussite de ces assemblées, dépend la prospérité de la Société.

12° Situation budgétaire et état des opérations accomplies. — Ce double rapport nécessite tous les soins du secrétaire-trésorier ; il établira le bilan de la confiance que le public attribuera à l'association. De temps en temps la publication de ce rapport dans les journaux sera bien venue : elle provoquera très certainement les adhésions des timides et des indifférents.

13° Procès-verbaux des séances. — La contre partie logique des rapports, c'est le procès-verbal de chaque séance qui conserve successivement la trace de chaque progrès accompli. Le registre de ces procès-verbaux de Commissions et d'assemblées générales, s'il est tenu soigneusement, constituera à un moment donné de véritables archives sociales, dont la consultation deviendra excessivement utile. Ce sera pour ainsi dire le livre d'or des bons serviteurs de la loi.

14° ACHAT ET VENTE DE GIBIER DE REPEUPLEMENT. — Au chapitre des ressources nous verrons toute l'importance de cette opération. Si elle est faite intelligemment, la Société en recueillera des bénéfices pécuniaires, sinon ce sera une source continuelle de déficits (1). Le plus difficile sera de trouver un fournisseur honnête, dans lequel on pourra avoir toute confiance.

15° CORRESPONDANCE. — Lorsque votre Société sera connue et appréciée à sa juste valeur, cette fonction du secrétaire-trésorier ne sera pas, assurément, une sinécure. A en juger par la correspondance échangée journellement avec les sociétaires, les autorités judiciaires ou administratives, les gardes ou les gendarmes et même les étrangers à la Société, cette attribution spéciale suffirait presque à absorber les instants du secrétaire-trésorier.

Réduit à sa plus simple expression, comme on le voit, le fonctionnement d'une Société de répression n'offre donc aucune complication embarrassante.

(1) Voir ce qui a été dit sur ce point au chapitre Ier, page 24 et suivantes.

CHAPITRE IV

RESSOURCES

CHAPITRE IV

RESSOURCES

COMMENT S'ÉTABLIT LE BUDGET. — En réservant un chapitre spécial aux ressources d'une Société de répression, nous ne faisons qu'obéir à la constante préoccupation de tous les fondateurs de Sociétés quelconques.

Heureusement nous n'avons pas besoin ici de grands capitaux.

Mille francs suffisent amplement.

C'est ce que nous allons démontrer.

L'équilibre du budget de notre Société est bien facile à établir, puisque les dépenses sont *facultatives* et que les recettes sont *invariables*.

En effet, pour produire le résultat demandé, nous n'avons ni matériel à entretenir, ni local à louer ou à acheter, ni impôt à payer.

C'est la Commission qui, recettes en main, ordonne les dépenses (1) : les augmentant ou les réduisant à son gré.

Comment craindre dans ces conditions que le passif n'excède l'actif?

De quoi se compose l'actif. — J'ai dit et je répète, que *mille francs* suffisent amplement pour assurer le fonctionnement de l'œuvre dans un arrondissement.

Pour se procurer cette somme, il ne s'agit que de trouver 100 adhérents dont la cotisation annuelle est de 10 francs.

Ce n'est pas trop présumer de ses forces, que de supposer qu'avec un peu de propagande, on recrutera aisément ces *cent* sociétaires, puisque la statistique nous apprend que chaque arrondissement contient environ 1500 chasseurs prenant permis, par conséquent intéressés à la conservation des richesses cynégétiques. En présence des prix exorbitants atteints de nos jours par les locations de chasse un tant soit peu giboyeuses, ces chasseurs ne peuvent hésiter à s'im-

(1) Aussi l'article 24 des statuts rend-il la Commission responsable de sa gestion qui est omnipotente.

poser un sacrifice de 10 francs qui sera bien vite compensé par le plaisir et le produit d'une chasse plus fructueuse. C'est un placement de bon père de famille.

Je néglige à dessein dans la supputation de l'actif social la plus value provenant de dons manuels, droits d'entrée, etc. (1), car ce sont là des chiffres variables et je ne veux me servir pour ma démonstration que de données absolument certaines.

De quoi se compose le passif. — Quatre éléments principaux composent le passif, dont l'expérience nous fournit les évaluations suivantes :

1° Primes en argent, médailles et gravures, diplômes,	450 fr.
2° Achat et transport du gibier vivant, primes de destruction,	350 »
3° Frais de bureau, correspondance, publicité,	100 »
4° Fonds de réserve,	100 »
Total égal,	1000 »

(1) Sans compter que bien des riches propriétaires fonciers, vrais chasseurs de leur nature, afin d'encourager la répression du braconnage, s'inscriront dans la Société pour plusieurs cotisations.

Cette appréciation n'est pas fantaisiste, comme on va le voir en raisonnant ce budget.

1° En premier lieu nous avons attribué 450 francs aux *primes, médailles, diplômes*. Cette somme est certainement exagérée, car nous ne devons pas perdre de vue que les gendarmes, qui ne peuvent recevoir de primes en argent, constatent plus de moitié des délits de chasse. Sans être parcimonieuse, la Commission pourra donc restreindre ces dépenses sur ce point, surtout durant les premières années : les procès étant alors moins fréquents.

2° Relativement *à l'achat et au transport du gibier de repeuplement*, nous avons déjà dit que si ces acquisitions en gros étaient pratiquées avec discernement, elles devaient produire un boni plutôt qu'une perte par la vente aux enchères. Il est vrai d'ajouter que le *paiement des primes pour destruction d'animaux nuisibles*, porté sur ce même chapitre, absorbera une partie de ce crédit, qui est donc justement établi au chiffre de 350 fr.

3° *Les frais de bureau, correspondance, publicité* sont évalués à 100 francs. Incontestablement ce chiffre sera dépassé la la première année de l'installation sociale, parce que les nombreuses convocations, l'impression des statuts, etc., occasionneront des dépenses extraordinaires qui n'existeront plus les années suivantes. Mais comme il ne serait pas prudent de repeupler dès le début, avant d'avoir réprimé le braconnage pendant quelque temps, on reportera la somme attribuée au repeuplement sur les frais généraux de fondation : du reste tous les ans la Commission compensera et règlera le tout suivant les circonstances.

4° *Fonds de réserve.* La plus vulgaire prévoyance indique la nécessité de créer un fonds de réserve. A mon avis dans une *Société de Répression*, ce fonds de réserve doit avoir pour destination de subvenir aux accidents ou crimes, heureusement assez rares, dont les gardes ou gendarmes deviendraient les victimes en réprimant le braconnage. Ce serait une *caisse d'assurance* pour les blessés, les veuves ou les orphelins. Bien entendu cette caisse s'augmenterait chaque année de tous les autres excédents.

Dans ces évaluations absolument rigoureuses, j'ai éliminé soigneusement certains projets extensifs qui peuvent se greffer sur une *Société de chasseurs* (commission d'un garde mobile général, chenil modèle, élevage du gibier, etc.) non pas que je les condamne, si les ressources sociales en permettent l'application, mais parce que ce serait sortir du sujet que je me suis proposé et qui se résume en ces mots : *création facile et peu coûteuse dans chaque arrondissement d'un centre de résistance à la disparition du gibier.*

Conclusion. — Nous avons l'intime conviction qu'une Société organisée dans les conditions que nous venons d'exposer excitera le zèle des agents de répression, appellera l'attention de l'autorité sur les réformes indispensables à la chasse, intimidera le braconnage et assurera insensiblement le repeuplement, dans la limite de son action bienfaisante.

La preuve de ce que j'avance s'est manifestée dans l'expérience suivante : *en trois années* une société de ce genre a fait monter la moyenne des condamnations de chasse dans son arrondissement de 10 par an à 45. Grâce à son entremise, les arrêtés préfectoraux ont été complètement métamorphosés en matière de chasse. Enfin le gibier qui avait totalement disparu de certaines contrées, à la suite du cruel hiver de 1879, commence à reparaître uniformément presque partout. Est-ce concluant ? L'indécision peut-elle subsister quand on se rend compte de la simplicité du fonctionnement, de la modicité des dépenses qu'il impose et de la grandeur du but atteint ?

Que serait-ce comme résultat d'ensemble, si chaque arrondissement de France possédait une telle Société et qu'un jour toutes ces Sociétés vinssent à se fédérer ?

CHAPITRE V

FORMULES ET MODÈLES DIVERS

STATUTS

DE LA SOCIÉTÉ *ou* DU SYNDICAT DES CHASSEURS

DE L'ARRONDISSEMENT DE . . . . .

I

But de la Société

ARTICLE 1er. — Il est fondé à... une association de chasseurs de l'arrondissement sous la dénomination de...

ART. 2. — Cette association a pour but de réprimer le braconnage et de favoriser le repeuplement du gibier en créant un *centre de résistance à la ruine de la chasse.*

Son action consistera principalement à :

1° Exciter le zèle des gardes *forestiers*, des gardes *champêtres* et des *agents* dépositaires de l'autorité, des gardes *particuliers* de sociétaires, au moyen de récompenses honorifiques et pécuniaires.

2° Encourager l'activité de la gendarmerie par la distribution de *médailles* et de *diplômes*.

3° Accorder des *secours extraordinaires* à tout agent blessé à l'occasion de la répression du braconnage.

4° Servir des *pensions* aux veuves ou aux orphelins de ceux qui auraient péri en réprimant le braconnage.

5° Repeupler de gibier les points qui offriront le plus de garantie de conservation par l'*achat* et la *vente d'animaux reproducteurs*. (Voir art. 22, § 4.)

6° Signaler à qui de droit tous les *délits* et *abus* de chasse, qui se produiront dans l'arrondissement. (Voir art. 15.)

7° Exercer des *poursuites* en justice dans l'intérêt de l'application de la loi. (V. art. 15, § 2 et 3.)

8° Exposer auprès des autorités législatives ou administratives les *vœux* émis par les sociétaires touchant la législation de la chasse.

II

Admission

Art. 3. — Toute personne majeure chassant dans l'arrondissement pourra faire partie de ladite société sur la présentation de deux membres.

La Commission sera seule juge de son admission.

Par exception les chasseurs des arrondissements voisins pourront également faire partie de la Société; mais eux et leurs gardes particuliers seulement bénéficieront des avantages résultant de l'association.

Art. 4. — Les mineurs ne pourront entrer dans la Société qu'avec l'autorisation écrite de leur père ou tuteur.

Art. 5. — Le candidat admis devra d'abord adhérer aux statuts et payer un droit d'entrée de 10 francs.

Art. 6. — La cotisation annuelle est de 10 fr. par sociétaire.

ART. 7. — Cette cotisation devra être payée avant le... de chaque année, sous peine de déchéance et sans préjudice des droits de la Société.

III

Durée

Prorogation. — Dissolution.

ART. 8. — La Société est *fondée* ou *renouvelée* pour une durée de... à dater du...

ART. 9. — Tous les sociétaires sont engagés pour la durée de l'existence de la Société.

Personne ne peut se retirer de l'association avant l'expiration de la période indiquée, sauf en cas de décès ou de départ définitif de l'arrondissement. Même dans ces deux cas, l'année commencée est due en totalité.

ART. 10. — L'exercice financier commence le... pour se clore au... suivant.

ART. 11. — Trois mois avant l'expiration du terme assigné à la durée complète de la Société, chaque sociétaire sera convoqué individuellement, au moins quatre jours à l'avance, à une assemblée générale qui devra statuer sur la *prorogation* ou la *dissolution* de la Société.

ART. 12. — En cas de *prorogation*, les membres, qui désireront se retirer, devront donner leur démission dans la quinzaine qui suivra le vote de l'assemblée générale.

A défaut de démission, dans le délai imparti, tout membre restera engagé pour la période nouvelle.

L'actif social demeurera acquis à la nouvelle Société.

ART. 13. — En cas de *dissolution*, l'assemblée générale décidera quel usage il devra être fait du fonds social.

IV

Organisation

ART. 14. — Après la clôture de chaque exercice, l'assemblée générale des sociétaires sera réunie à l'effet d'entendre le rapport sur l'état financier et sur l'état des opérations accomplies par la société pendant la gestion écoulée.

Il sera procédé ensuite à l'adoption des vœux émis, à la vente aux enchères du gibier de repeuplement et enfin à la nomination de la Commission.

Les décisions prises en assemblée générale, à la majorité relative des suffrages exprimés, sont souveraines et engagent tous les membres, quelque soit le nombre des votants.

Art. 15. — Chaque sociétaire s'engage à signaler à la Commission tous les délits et toutes les fraudes de chasse dont il aura connaissance. (V. art. 19, § 6.)

De plus, il subrogera la société en tous ses droits contre les délinquants, lorsqu'il ne voudra pas les exercer lui-même.

La Commission décidera ce qu'il y a lieu de faire pour la Société, dans l'intérêt de la répression. (V. art. 22, § 5.)

V

Administration

Art. 16. — La Société est administrée par une commission composée d'un président, d'un vice-président, d'un secrétaire-trésorier et de trois autres commissaires.

Art. 17. — L'élection de cette Commission est faite chaque année par l'assemblée générale.

Les commissaires sortants pourront être réélus.

Art. 18. — Immédiatement après leur élection, les commissaires choisiront parmi eux les titulaires aux fonctions spéciales.

Art. 19. — Les fonctions du *président* consistent à :

1° Convoquer et présider les Assemblées générales et les Commissions : en cas de partage, il a voix prépondérante.

2° Faire régner la bonne harmonie au sein de la Société.

3° Représenter la Société en toute circonstance.

4° Faire exécuter strictement les statuts.

5° Contrôler les actes du secrétaire-trésorier.

6° Signaler à l'autorité compétente, au nom de la Société et de concert avec le secrétaire-trésorier, les fraudes et délits de chasse signalés par les sociétaires.

ART. 20. — Le *vice-président* supplée le président en son absence et lui prête son concours en toute circonstance.

ART. 21. — Le *secrétaire-trésorier* est chargé :

1° De toutes les écritures et correspondances ;

2° De toutes les recettes et dépenses ;

3° De toutes les démarches nécessaires.

ART. 22. — Dans ses réunions, la Commission statuera :

1° Sur les présentations de nouveaux membres,

2° Sur les dépenses et les recettes à faire ou à approuver,

3° Sur les récompenses à accorder aux agents ou autres personnes qui se seront signalées dans la répression,

4° Sur l'achat et la vente du gibier de repeuplement,

5° Sur les poursuites à exercer par la Société, dans l'intérêt de la répression,

6° Sur les vœux à présenter aux autorités législatives ou administratives,

7° Sur l'interprétation des statuts,

8° Sur les amendes à infliger,

9° Sur les améliorations à proposer,

10° Sur l'acceptation des dons manuels faits à la Société.

Art. 23. — La Commission ordonnant les recettes et les dépenses, arrêtant et approuvant le budget, est responsable envers la Société; sauf son recours contre le secrétaire-trésorier, en cas de malversations.

VI

Sanctions pénales

Art. 24. — Toute conversation, toute discussion politique ou religieuse est formellement interdite dans le lieu de réunion de la Société, sous peine d'une amende de 5 à 10 francs et même d'exclusion si la Commission le juge nécessaire.

Art. 25. — Le sociétaire qui pendant la durée de la Société, serait condamné pour chasse *sans permis*, ou en *temps prohibé* ou avec *engins prohibés*, encourrait une amende de 10 à 50 francs, infligée par la Commission.

Art. 26. — Tout membre condamné à une peine portant atteinte à son honneur ou à sa considération sera exclu *ipso facto* de la Société.

Art. 27. — L'exclusion prive le sociétaire de tous les droits résultant de sa qualité, mais ne le libère d'aucun de ses engagements vis-à-vis de la Société.

Délibéré et voté en assemblée publique le...
Autorisé par arrêté en date du...

Le président, *Le secrétaire-trésorier,*

Signature. Signature.

BULLETIN D'ADHÉSION

SOCIÉTÉ DES CHASSEURS

DE L'ARRONDISSEMENT DE . . .

Pour la répression du braconnage et le repeuplement du gibier.

---

n, pré- et pro- n.

Je soussigné (1)..............................

demeurant à (2)..............................

micile.

déclare adhérer aux statuts de la Société des Chasseurs de l'arrondissement de...

Le .... 188 .

Signature :

NOTA. — Renvoyer ce bulletin au Secrétaire de la Société, à . . . . .

MODELE

D'EXTRAITS DE CONDAMNATIONS CORRECTIONNELLES

POUR DÉLITS DE CHASSE

Délivrés par le greffe (avec l'autorisation du Procureur)

DATE DU DÉLIT.	DATE DU JUGEMENT.	NATURE DU DÉLIT.	NATURE DE LA CONDAMNATION.	NOM ET ADRESSE DE L'AGENT AUTEUR DU PROCÈS-VERBAL.
15 juin 1885.	20 juillet 1885.	Chasse en temps prohibé avec engins prohibés.	2 mois de prison. 100 fr. d'amende. 50 de dommages-intérêts.	Forquin, brigadier forestier à . . .

CLASSIFICATION

DES RÉCOMPENSES DÉCERNÉES

SOUS FORME DE CONCOURS

SOCIÉTÉ DES CHASSEURS DE. . . .
pour la repression du braconnage et
le repeuplement du gibier.

Décision de la Commission du . . . . 188 . .

HORS CONCOURS

PRIX D'HONNEUR AVEC ÉLOGE SPÉCIAL

Médaille d'or et diplôme d'honneur

A M. C... brigadier de gendarmerie à...

Très énergique et très zélé. — Plusieurs fois récompensé précédemment.

Classement par ordre de mérite.

1ers PRIX

Médailles de vermeil et diplômes

A MM. F... gendarme à...		
S... gendarme à...		Différents procès méritoires.
G... brigadier à...		

2es PRIX

Médailtes d'argent et diplômes.

A MM. V... gendarme à...		
P... brigadier à...		Procès de chasse en temps prohibé.
L... gendarme à...		

3es PRIX

Médailles de bronze et diplômes.

A MM. Z... brigadier à...
M... gendarme à...
U... gendarme à..

Mentions honorables.

A MM. H... brigadier à...
X... gendarme à...

CONCOURS GÉNÉRAL

ENTRE LES GARDES FORESTIERS, CHAMPÊTRES, ET AUTRES DE L'ARRONDISSEMENT.

PRIX D'HONNEUR

Médaille d'or, diplôme d'honneur et 100 *fr.*

A M. G... garde forestier à...

Précédemment récompensé — a fait preuve de courage et d'intelligence dans la capture de braconniers dangereux.

1er PRIX

Médaille de vermeil, diplôme et 80 *fr.*

A M. K... garde champêtre à...

Déjà récompensé — a verbalisé contre plusieurs colleteurs.

2e PRIX

Médaille d'argent, diplôme et 50 *fr.*

A M. A... garde particulier à...

Différents procès méritoires.

3e PRIX

Médaille d'argent, diplôme et 30 *fr.*

A M. C... employé d'octroi à...

Très actif pour la répression du colportage en temps prohibé.

4e PRIX

Médaille de bronze, diplôme et 20 fr.

A M. B... garde particulier à...

Très ardent dans son service.

5e PRIX

Médaille de bronze, diplôme et 10 fr.

A M. E... bucheron à...

A prêté son aide à un garde pour la prise d'un braconnier.

6e PRIX

Médaille d'argent et diplôme.

A M. V... garde particulier à...

Mention honorable.

A M. D... brigadier forestier à...

Le Secrétaire,

MODÈLE DE VŒUX

PRÉSENTÉS AU CONSEIL GÉNÉRAL

SOCIÉTÉ DES CHASSEURS DE . . .
pour la répression du braconnage et le repeuplement du gibier.

La *Société des Chasseurs* de..... réunie en assemblée générale le..... à..... a l'honneur d'adresser à Messieurs les Conseillers généraux les vœux suivants, tendant à modifier les arrêtés réglementaires pour la chasse dans le département de.....

1er VŒU.

Considérant que le vagabondage des chiens en temps prohibé est une cause manifeste de destruction inutile du jeune gibier;

Qu'il importe dans l'intérêt général de la chasse et des récoltes, d'arrêter ce vagabondage des chiens errants sans maître à travers la campagne;

Emet le vœu que le vagabondage des chiens en temps prohibé soit formellement interdit et sévèrement réprimé.

2e VŒU.

Considérant que dans le département de . . . . , le cerf est rangé, depuis quelques années, dans la catégorie des animaux nuisibles;

Qu'il en résulte que ces animaux détruits en tout temps et sous tous les prétextes, ont presque totalement disparu de nos forêts.

Qu'aujourd'hui leur nombre très restreint, n'offre plus aucun danger pour l'agriculture, que d'ailleurs le propriétaire, possesseur ou fermier conservera toujours le droit de « détruire ces fauves lorsqu'ils porteront dommage aux propriétés » en vertu de l'article 9 § 3 de la loi du 3 mai 1844.

Prie respectueusement le Conseil général de vouloir bien intervenir, pour que le cerf ne soit plus considéré comme animal nuisible dans le département de.....

3e VŒU.

Considérant que l'Administration se propose de donner le droit de chasser dans les bois non amodiés, de l'Etat et des communes, à tout porteur de permis de chasse, moyennant une faible redevance annuelle, sans limitation de nombre et sans cahier de charges ;

Qu'une telle mesure entraînerait à bref délai le gaspillage des richesses cynégétiques, entraverait la surveillance des gardes et aboutirait à la destruction du gibier,

Que d'ailleurs l'expérience faite dans les départements voisins a produit des résultats désastreux.

Proteste énergiquement contre l'application de tels projets et prie instamment le Conseil général de s'y opposer de tout son pouvoir.

Suivent les signatures des sociétaires.

TABLE

CHAPITRE III

FONCTIONNEMENT.

CHAPITRE IV

RESSOURCES.

CHAPITRE V

FORMULES ET MODÈLES DIVERS

LANGRES. TYP. RALLET-BIDEAUD.

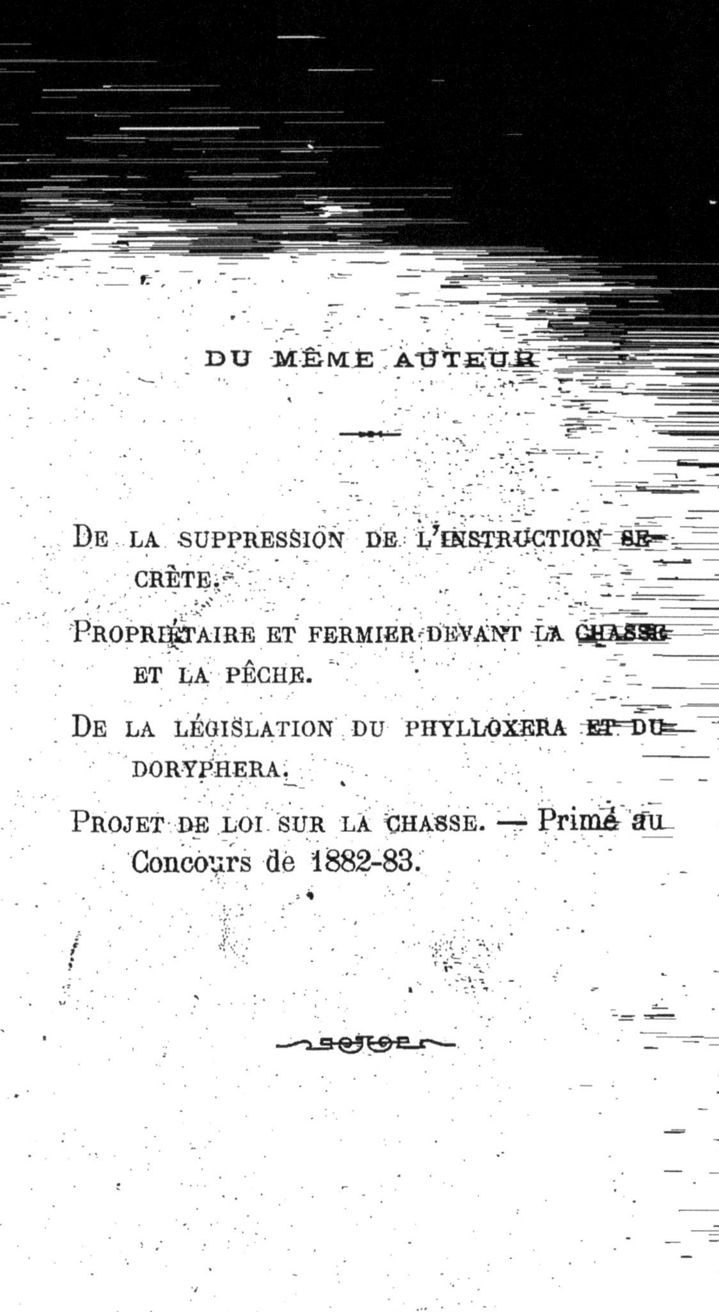

DU MÊME AUTEUR

De la suppression de l'instruction secrète.

Propriétaire et fermier devant la chasse et la pêche.

De la législation du phylloxera et du doryphera.

Projet de loi sur la chasse. — Primé au Concours de 1882-83.

www.ingramcontent.com/pod-product-compliance
Ingram Content Group UK Ltd.
Pitfield, Milton Keynes, MK11 3LW, UK
UKHW012053240726
13965UKWH00003B/1253

9 782013 075275